第 3 頁　　第 5 頁

xiāng jiāo
香蕉

máng guǒ
芒果

píng guǒ
蘋果

lí zi
梨子

milk　　jam　　bread

第 7 頁

第 10 頁

orange　　octopus

owl　　one

第 13 頁　　第 14 頁

shù mù
樹木

hú dié
蝴蝶

mì fēng
蜜蜂

huā duǒ
花朵

第 20 頁

第 25 頁　　rose　　ring　　rain　　rabbit

第 34 頁

<table>
<tr><td>hóng lǜ dēng
紅綠燈</td><td>mǎ lù
馬路</td><td>rén xiàng dēng
人像燈</td><td>bān mǎ xiàn
斑馬線</td></tr>
</table>

第 35 頁

第 41 頁

第 50 頁

第 60 頁

第 64 頁

chéng sè 橙色	zǐ sè 紫色	huī sè 灰色	lǜ sè 綠色

第 71 頁　　　　　　　　　　第 74 頁

yán rè 炎熱	xī guā 西瓜	yóu yǒng 游泳

目錄

中文（附粵語和普通話錄音）

英文

 中文

- 認讀：香蕉、芒果、梨子、蘋果
- 寫字：食物

日期：

請從貼紙頁選取跟圖畫相配的字詞貼紙，貼在 ⬚ 內，然後掃描二維碼，跟着唸一唸字詞。

 粵語　 普通話

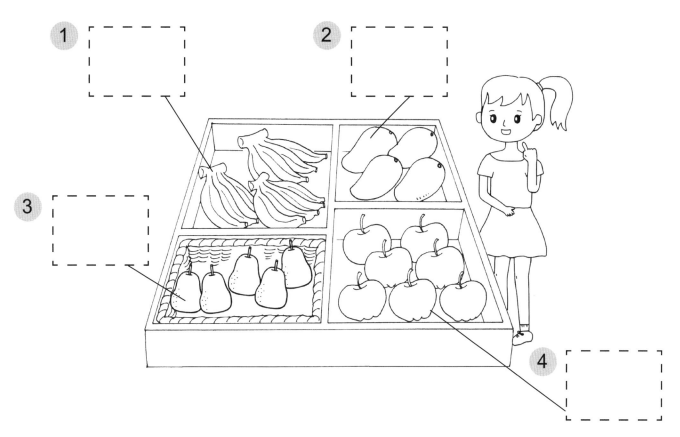

寫字練習。

ノ 入 今 今 今 食 食 食 食

食						

ノ ゛ ゛ 牛 牛 物 物 物

物						

請掃描二維碼，聽一聽各人想買什麼，然後在 □ 內填上正確字詞的代表英文字母。

A guǒ jiàng 果醬 　B miàn bāo 麵包 　C niú nǎi 牛奶

D táng guǒ 糖果 　E bǐng gān 餅乾

1　 　mā ma dào chāo jí shì chǎng mǎi
媽媽到超級市場買 　。

2　 　bà ba dào chāo jí shì chǎng mǎi
爸爸到超級市場買 　。

3　　gē ge dào chāo jí shì chǎng mǎi
哥哥到超級市場買 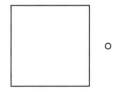　。

4　　mèi mei dào chāo jí shì chǎng mǎi
妹妹到超級市場買 　。

5　 　wǒ dào chāo jí shì chǎng mǎi
我到超級市場買 　。

請從貼紙頁選取跟字詞相配的圖畫貼紙，貼在 ┌┈┐ 內。

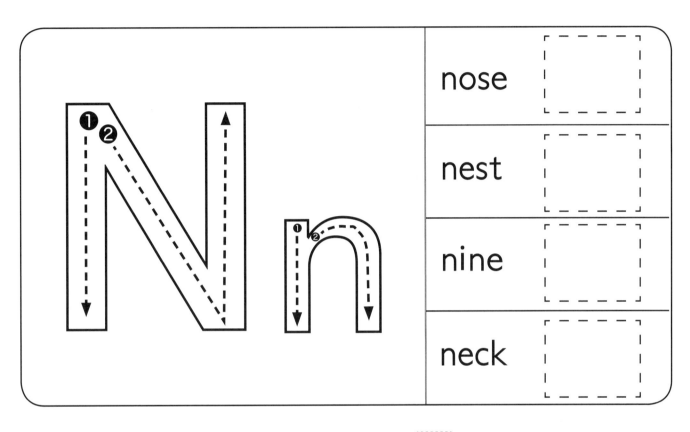

nose

nest

nine

neck

請從貼紙頁選取跟圖畫相配的字詞貼紙，貼在 ┌┈┐ 內。

請把正確的答案填在 ☐ 內。

$$3 - 1 = \boxed{}$$

$$3 - 2 = \boxed{}$$

$$3 - 3 = \boxed{}$$

6

請看看食物金字塔上各種食物的分類，然後從貼紙頁選取正確的食物貼紙，貼在 ⬚ 內。

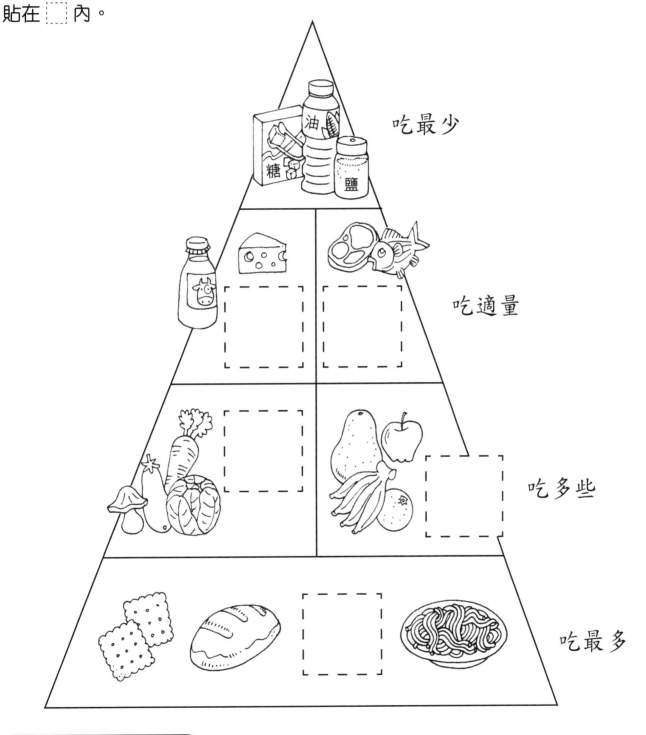

請爸媽給孩子一張吸油紙，讓孩子試試把不同種類的食物放上去，例如：薯條、餅乾、麪包（每種放少許便可），看看吸油紙上每種食物的油份，以及想想是否可多吃。
吸油紙主要用上較厚的纖維或紙張製造，可吸走食物的多餘油份。

請掃描二維碼，聽一聽是什麼字詞，然後把正確的字詞和圖畫圈起來。

1

niú nǎi
牛奶

guǒ zhī
果汁

2

jī dàn
雞蛋

shū cài
蔬菜

3

chéng
橙

xiān yú
鮮魚

4

mǐ fàn
米飯

miàn bāo
麵包

寫字練習。

ノ ト ニ 牛

牛						

く 女 女 奶 奶

奶						

請看看下圖中的小朋友想吃什麼，然後把正確答案填在橫線上。

 I would like to eat a _____ , please.

 I would like to eat a piece of _____ , please.

 I would like to eat a _____ , please.

9

請從貼紙頁選取跟圖畫相配的字詞貼紙，貼在 ⬚ 內。

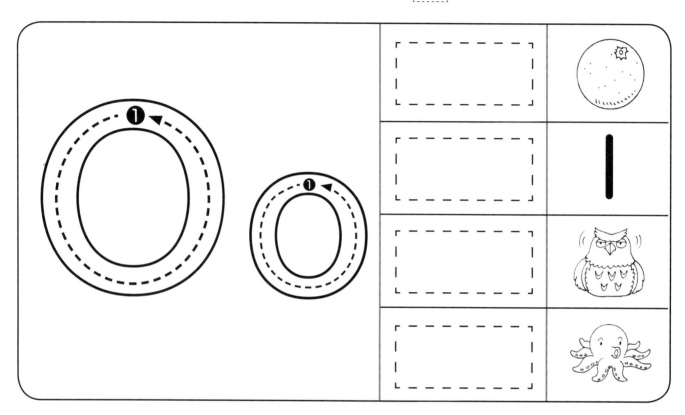

寫字練習。

This is an orange.

請把正確的幣值填在橫線上。

＿＿＿＿角　　　＿＿＿＿角　　　＿＿＿＿角　　　＿＿＿＿元

＿＿＿＿元　　　＿＿＿＿元　　　＿＿＿＿元

請把正確的幣值填上顏色。

2 元

1 元 5 角

請媽媽替你準備一根完整的香蕉和切開後的香蕉，然後請你把它的外形和內貌分別畫在下面的 ☐ 內。

香蕉的外形

切開後的香蕉

🔬 STEAM UP 小學堂

請孩子觀察切開的香蕉，看看裏面一點點褐色的粒子，那些就是香蕉的種子！只是種子退化了，變得很小而已。

 中文

● 認讀：樹木、蜜蜂、蝴蝶、花朵

請從貼紙頁選取跟圖畫相配的字詞貼紙，貼在 ⬚ 內，然後掃描二維碼，跟着唸一唸句子。

 粵語　 普通話

1 　　　　　　zhǎng de gāo
　　　　　　長 得 高。

2 　　　　　wēng wēng jiào
　　　　　嗡 嗡 叫。

3 　　　　zài fēi wǔ
　　　　在 飛 舞。

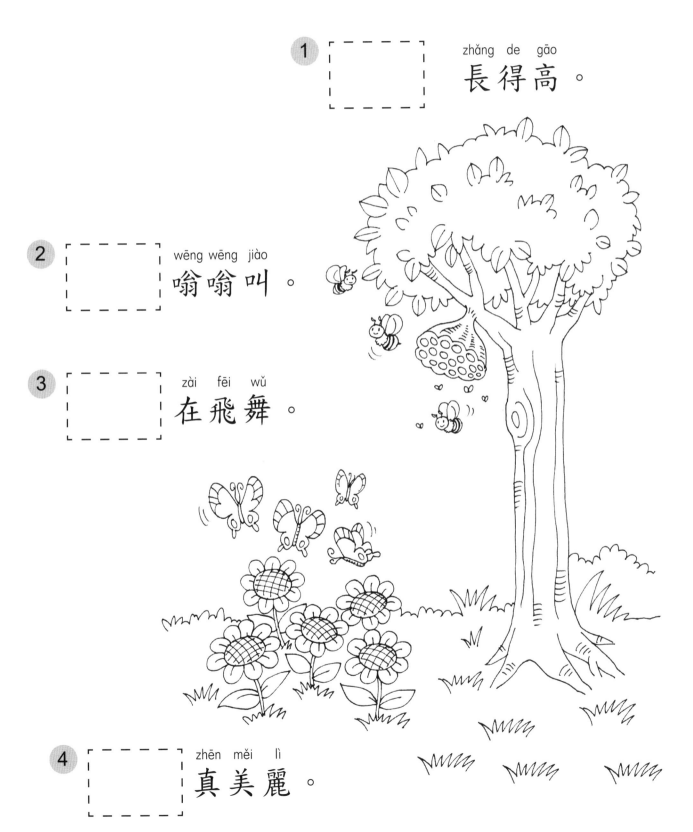

4 　　zhēn měi lì
　　真 美 麗。

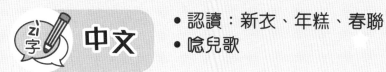

請掃描二維碼，聽一聽句子，然後從貼紙頁選取正確的圖畫貼紙，貼在 ⌐⌐ 內。

1
粵語　普通話

xīn nián dào　chuān xīn yī
新年到，穿新衣。

2
粵語　普通話

xīn nián dào　chī nián gāo
新年到，吃年糕。

3
粵語　普通話

xīn nián dào　tiē chūn lián
新年到，貼春聯。

請把圖畫填上顏色，然後掃描二維碼，跟着唸一唸兒歌。

粵語　普通話

xīn nián dào
新年到

luó gǔ xiǎng　xiǎng dōng dōng
鑼鼓響，響咚咚，

wǔ lóng wǔ shī zhēn wēi fēng
舞龍舞獅真威風；

xiǎo hái zi　kàn rè nao
小孩子，看熱鬧，

dà jiā qí lái yíng xīn chūn
大家齊來迎新春。

請把正確的英文字母填在橫線上。

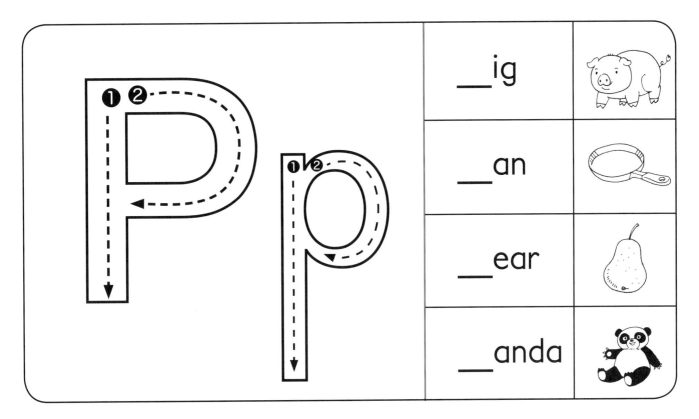

	__ig
	__an
	__ear
	__anda

請把跟字詞相配的圖畫圈起來。

meat	
fruit	
vegetable	

請把正確的答案填在 □ 內。

 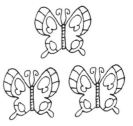

$$4 - 1 = \boxed{}$$

$$4 - 2 = \boxed{}$$

$$4 - 3 = \boxed{}$$

$$4 - 4 = \boxed{}$$

• 認識蝴蝶和青蛙的成長過程

日期：

請按蝴蝶和青蛙的成長過程，把 1-4 順序填在 ◯ 裏。

蝴蝶的成長過程：

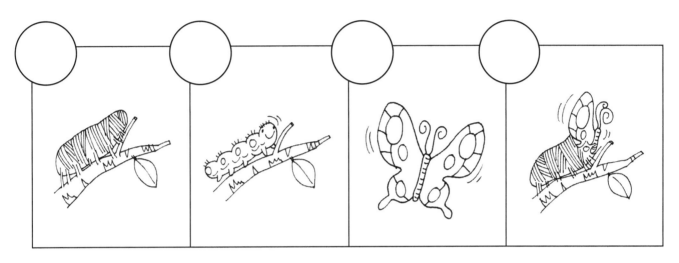

青蛙的成長過程：

⚛ STEAM UP 小學堂

蝴蝶的出生分為卵、幼蟲、蛹和成蟲四個階段。毛蟲需要變成蛹，在蛹內改變形態，然後破蛹變成蝴蝶，這種進化發育的過程稱為「完全變態」。蝴蝶的身體可分為頭部、胸部及腹部三部分。頭部具有觸角、複眼和虹吸式吸管。

青蛙是水陸兩棲的動物，由蝌蚪成長為青蛙，也是「完全變態」的過程。由卵孵化成蝌蚪，在水中生活，用鰓呼吸，當蝌蚪長大後，進行「變態過程」，長出肺部和四肢，便可以在陸地上生活了。

請掃描二維碼，聽一聽以下一段文字，然後把正確的字詞填在橫線上。

粵語

普通話

qīng wā
青蛙

chí táng
池塘

kē dǒu
蝌蚪

wǒ men lái dào
我們來到 ＿＿＿＿＿

biān   tīng jiàn
邊，聽見 ＿＿＿＿＿

guā guā jiào   kàn jiàn shuǐ lǐ xiǎo
呱呱叫，看見水裏小 ＿＿＿＿＿

yáo zhe wěi
，搖着尾

ba zài yóu yǒng
巴在游泳。

寫字練習。

一 二 十 キ 主 青 青 青

青						

丶 口 口 中 虫 虫 虫 虾 蚌 蛙 蛙 蛙

蛙						

請沿灰線填寫生字。

This is a butterfly.

This is a frog.

This is a tree.

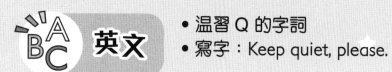
請從貼紙頁選取跟字詞相配的圖畫貼紙，貼在 ⬚ 內。

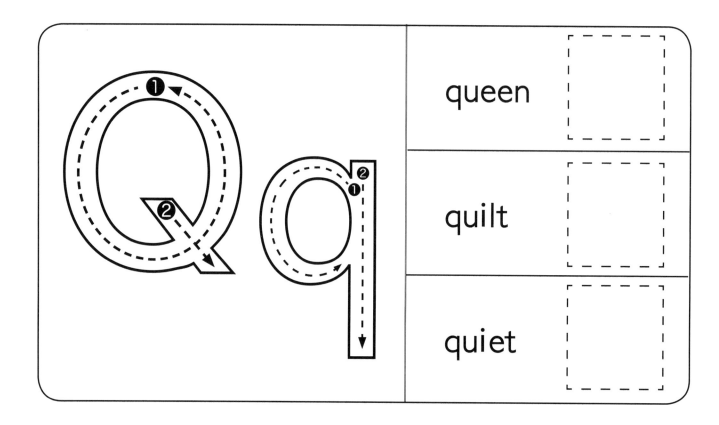

queen

quilt

quiet

寫字練習。

Keep quiet, please.

請看看美美的活動時間表。

日	一	二	三	四	五	六

請按美美的活動時間表，把正確的答案填在 □ 內。

星期 □  。

星期 □  。

星期 □  。

星期 □ 和 □  。

星期 □ 和 □ 。

請找一張正方形手工紙，然後跟着以下步驟摺出貓頭。

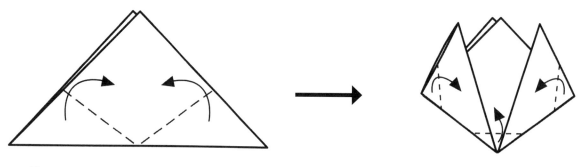

① 把手工紙對角摺，
然後兩側向上摺。

② 向中心摺。

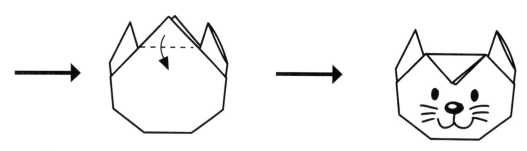

③ 翻到背面再向下摺。

④ 在貓頭上畫上臉
孔，記得替小貓
加上貓鬚啊！

✖️ STEAM UP 小學堂

貓鬚其實是貓的「觸毛」，比牠們身上的毛長，而在毛根的深處有神經血管，具感觸的功能！貓鬚可
以幫助貓判斷身體能否通過狹窄的地方，一但被剪得過短，有可能影響貓的平衡能力。此外，觀察貓
鬚可以幫助了解貓的心情。當嘴邊的鬍鬚打開，表示牠們感到放鬆。而在捕獵或打鬥時，貓鬚會往後
貼向臉部呢！

 中文

- 認讀：電車、列車、纜車
- 寫字：電車

日期：

請掃描二維碼，聽一聽是什麼字詞，然後把正確的圖畫圈起來。

1

diàn chē
電車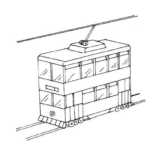

lǎn chē
纜車

2

liè chē
列車

diàn chē
電車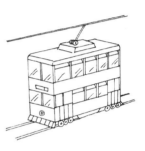

3

lǎn chē
纜車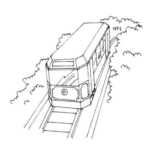

liè chē
列車

寫字練習。

一 厂 戶 兩 兩 兩 雨 雨 雷 雷 雷 雷 雷 電

電					

一 厂 厂 戶 百 百 亘 車

車					

中文

- 認讀：貨車、救護車、計程車、消防車
- 句子運用：這是一輛……

日期：

請把跟圖畫相配的字詞填在 ☐ 內，然後掃描二維碼，跟着唸一唸句子。

粵語

普通話

huò chē	jiù hù chē	jì chéng chē	xiāo fáng chē
貨車	救護車	計程車	消防車

① zhè shì yí liàng
這是一輛 ☐ 。

② zhè shì yí liàng
這是一輛 ☐ 。

③ zhè shì yí liàng
這是一輛 ☐ 。

④ zhè shì yí liàng
這是一輛 ☐ 。

請從貼紙頁選取跟圖畫相配的字詞貼紙，貼在 ⌐⌐⌐ 內。

請把跟字詞相配的圖畫畫在 ☐ 內。

cloudy	rainy	sunny

請把正確的答案填在 ☐ 內。

5　-　1　=　☐

5　-　2　=　☐

5　-　3　=　☐

5　-　4　=　☐

請把正確的路線畫出來。

27

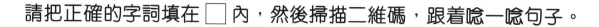
中文

請把正確的字詞填在 □ 內，然後掃描二維碼，跟着唸一唸句子。

lún	chuán	shuǐ
輪	船	水

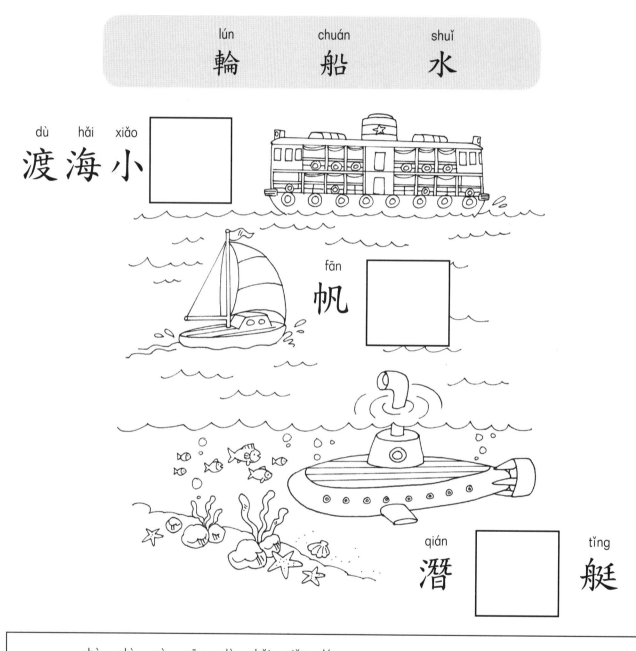

dù hǎi xiǎo
渡海小 □

fān
帆 □

qián
潛 □ 艇 tǐng

---

zhè shì yì sōu dù hǎi xiǎo lún
1 這是一艘渡海小輪。

zhè shì yì sōu fān chuán
2 這是一艘帆船。

zhè shì yì sōu qián shuǐ tǐng
3 這是一艘潛水艇。

粵語 普通話

請把正確的字詞填在橫線上。

bus　　train　　school bus

John goes to school by_____.

Mary goes to school by_____.

Peter goes to school by_____.

請把正確的英文字母填在橫線上。

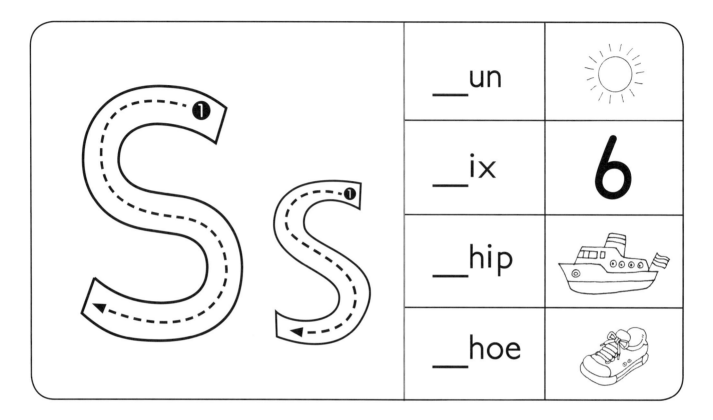

寫字練習。

How many ships are there?

There are six ships.

請用中國數字填寫下列的月份。

一　月		七　月	
＿＿＿月		＿＿＿月	
＿＿＿月		＿＿＿月	
＿＿＿月		＿＿＿月	
＿＿＿月		＿＿＿月	
＿＿＿月		＿＿＿月	

小朋友，你見過在馬路上行駛的電車嗎？請你把它畫出來。

STEAM UP 小學堂

小朋友，你有沒有畫出車頂上的電纜和地面上的路軌呢？
電車跟馬路上的其他車輛不同，它沿着路軌前行，而且沒有汽車引擎，它是靠電力推動。由車頂的電纜輸入電流，沿車內電線通往車底，連接摩打，轉化成動力。
電車轉彎或直行並非靠司機扭動方向盤，而是靠路軌。司機開車前預先輸入路線指令，電子設備就會讀到指令沿着正確的路軌移動，讓電車駛往正確方向。所以電車需要在路軌上才能行駛呢！

請掃描二維碼，聽一聽是什麼字詞，然後把二維碼、字詞和相配的圖畫用線連起來。

1 ●　　● zhí shēng jī 直升機 ●　　●

2 ●　　● chuān suō jī 穿梭機 ●　　●

3 ●　　● fēi jī 飛機 ●　　●

4 ●　　● huǒ jiàn 火箭 ●　　●

寫字練習。

乁 飞 飞 飞 飞 飛 飛 飛 飛 飛

飛						

一 十 才 木 木 朾 杪 杪 杪 栌 栌 梓 樏 機 機 機

機						

33

請從貼紙頁選取跟圖畫相配的字詞貼紙，貼在 ⬚ 內，然後掃描二維碼，跟着唸一唸字詞。

粵語　　普通話

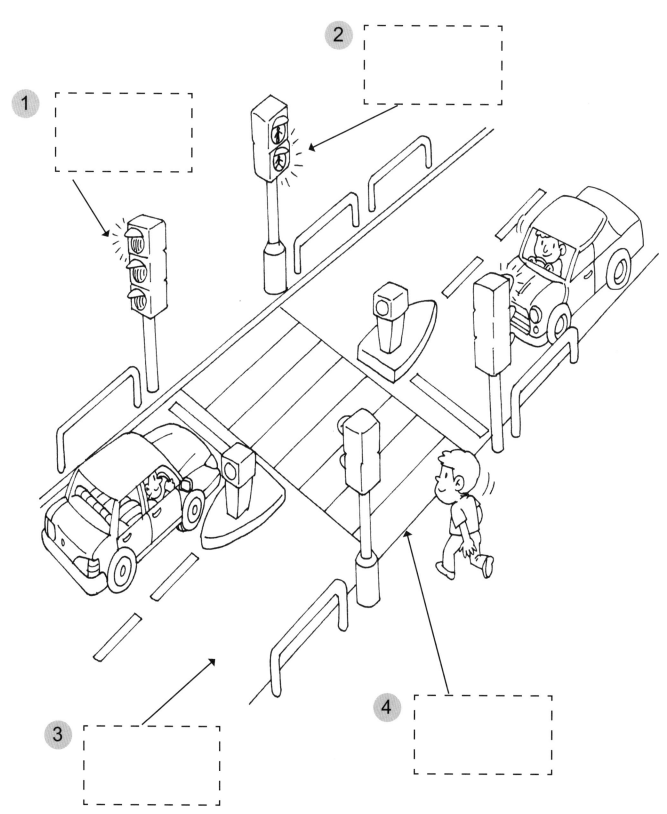

1

2

3

4

34

英文
- 溫習 T 的字詞
- 認字：lorry、van、car

日期：

請從貼紙頁選取跟字詞相配的圖畫貼紙，貼在 ⬚ 內。

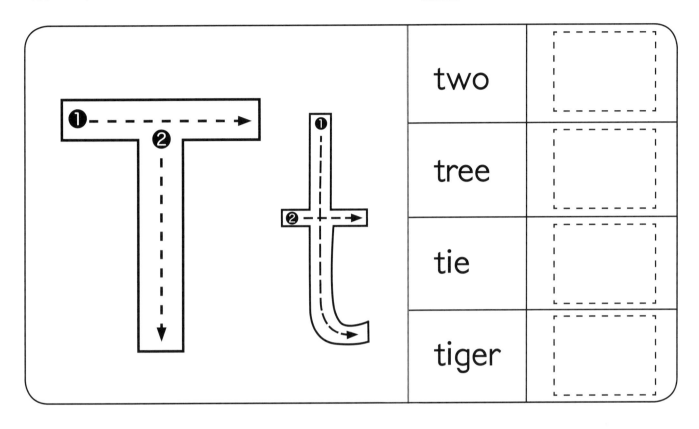

請把相配的圖畫和字詞用線連起來。

 ● ● lorry

 ● ● van

 ● ● car

數學　•6 的減法

請把正確的答案填在 ☐ 內。

$$6 - 1 = \boxed{}$$

$$6 - 2 = \boxed{}$$

$$6 - 3 = \boxed{}$$

$$6 - 5 = \boxed{}$$

● 認識交通安全設施

日期：

下圖中哪三個小孩子不遵守交通規則呢？請把他們圈起來。

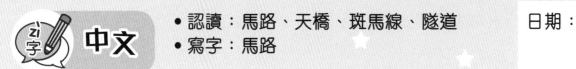

請把正確的字詞填在 ▢ 內，然後掃描二維碼，跟着唸一唸字詞。

 粵語
 普通話

mǎ lù	tiān qiáo	bān mǎ xiàn	suì dào
馬路	天橋	斑馬線	隧道

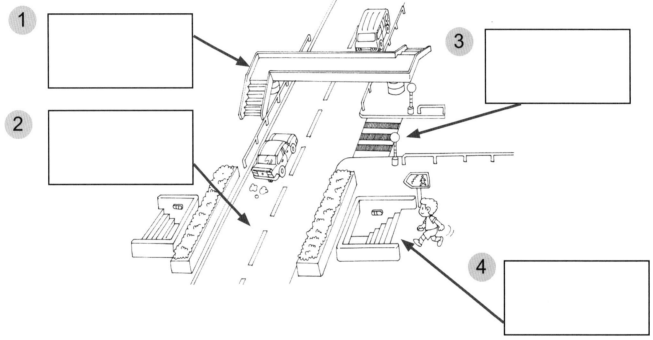

1

2

3

4

寫字練習。

一 厂 厂 厂 F 馬 馬 馬 馬 馬

馬						

丶 口 口 甲 甲 尸 足 足 趵 趵 政 路 路

路						

英文

• 認識形容詞
• 認字：aeroplane、boat、train
• 句子運用：That is a ...

日期：

請把正確的字詞填在橫線上。

aeroplane　　　boat　　　train

That is a big _____.

That is a small _____.

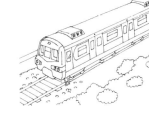

That is a long _____.

＊ 我們用 'This' 指在說話者近處的事物；'That' 指在說話者遠處的事物，而當事物是眾數時，我們會用
'These', 'Those'。

39

請把正確的英文字母填在橫線上。

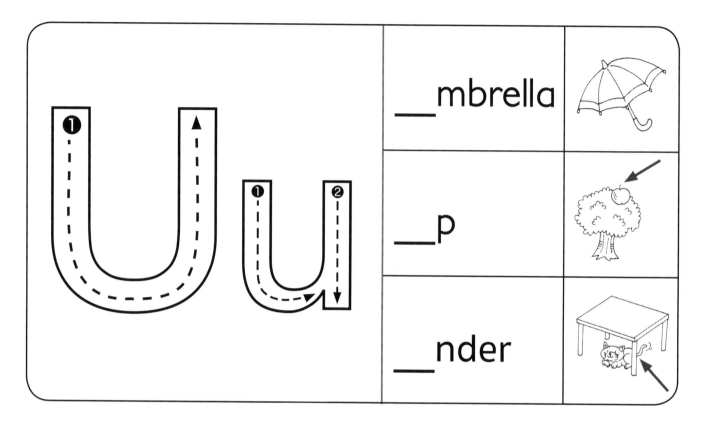

__mbrella

__p

__nder

寫字練習。

The cat is under the table.

請從貼紙頁選取正確的貼紙，把下圖中缺少的部分貼在虛線內。

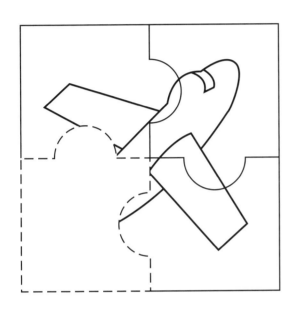

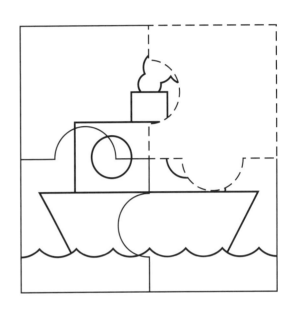

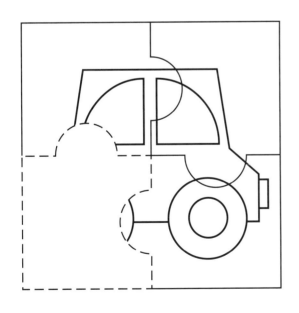

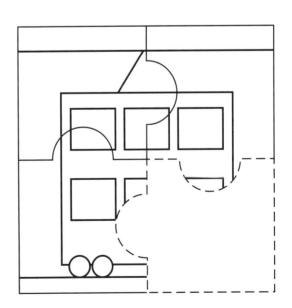

請跟着以下步驟，在空白的地方畫出潛水艇。

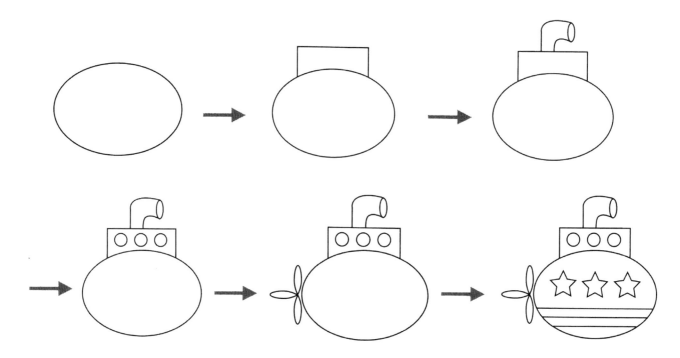

請爸媽給孩子一個空膠瓶，請孩子把它放在一盆水中，看看它是浮還是沉，然後把膠瓶注滿水，再放回水中，這次它是浮還是沉呢？

試把膠瓶想像為潛水艇，潛水艇設有水箱，當水箱盛滿水後，令潛水艇變得比周圍的水更重，於是往下沉。當釋放水箱的水後，潛水艇便變輕了，於是能浮在水面了。

● 認讀：鄉村、城市
● 寫字：城市

日期：

請把正確的字詞填在 ☐ 內，然後掃描二維碼，跟着唸一唸字詞。

 粵語 普通話

xiāng cūn	chéng shì
鄉 村	城 市

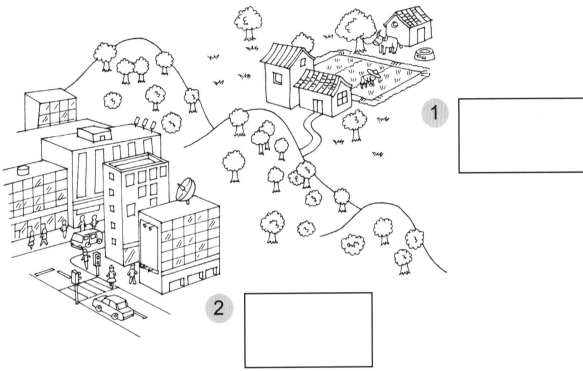

1 ☐

2 ☐

寫字練習。

一 十 圤 圤 圤 圹 城 城 城

城					

丶 宀 宁 市 市

市					

請掃描二維碼，聽一聽是什麼句子，然後把二維碼跟相配的句子和圖畫用線連起來。

1

zhè shì yì jiā miàn bāo diàn
這是一家麵包店。

粵語　普通話

2

zhè shì yì jiā shū diàn
這是一家書店。

粵語　普通話

3

zhè shì yì jiā yín háng
這是一家銀行。

粵語　普通話

4

zhè shì yì jiā fú zhuāng diàn
這是一家服裝店。

粵語　普通話

請把正確的英文字母填在橫線上。

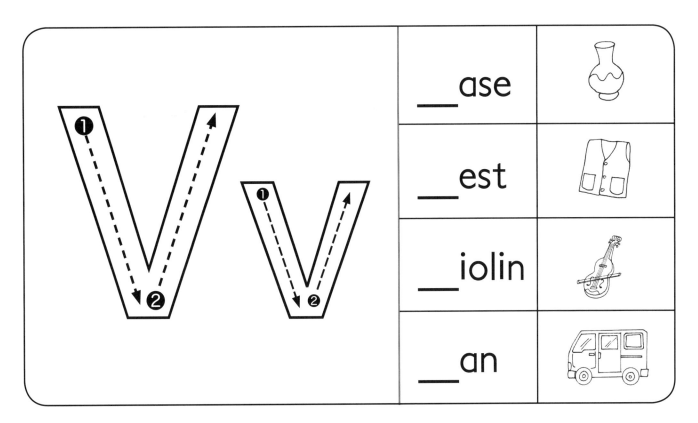

__ase	
__est	
__iolin	
__an	

請把相配的圖畫和字詞用線連起來。

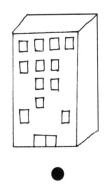

building   house   shop

請把正確的答案填在 □ 內。

$$7 - 1 = \boxed{}$$

$$7 - 3 = \boxed{}$$

$$7 - 5 = \boxed{}$$

$$7 - 6 = \boxed{}$$

請沿圓點連起來，看看是香港哪一個著名景點，然後把正確答案圈起來。

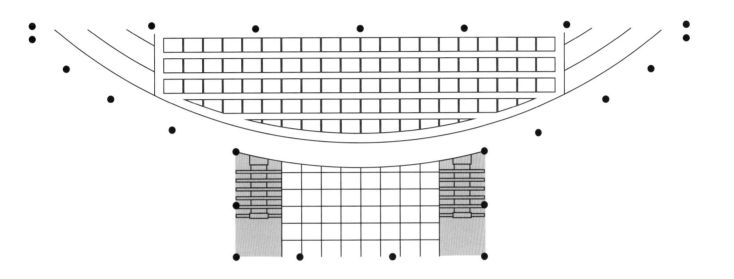

這是凌霄閣 ╱ 太空館，位於香港太平山頂。

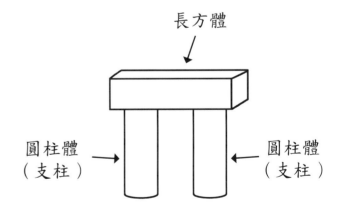

長方體

圓柱體
（支柱）

圓柱體
（支柱）

⚛ STEAM UP 小學堂

請爸媽給孩子一個立體長方形的積木、兩個圓柱體的積木，模擬建築凌霄閣，嘗試移動兩個圓柱體積木，變更它們之間的距離，看看怎樣取得平衡，直至能穩健地承托上面的立體長方形積木，不會倒下來。

請掃描二維碼，聽一聽是什麼景點，然後把二維碼跟圖畫和字詞用線連起來。

1 　●　　　　●　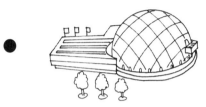

　　tài kōng guǎn
　　太空館

2 　●　　　　●　

　　hǎi yáng gōng yuán
　　海洋公園

3 　●　　　　●　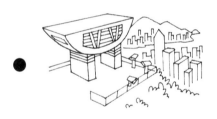

　　tài píng shān
　　太平山

寫字練習。

ノ 八 公 公

公					

丨 冂 冂 冂 月 周 周 周 声 園 園 園 園

園					

- 認讀：supermarket、park
- 句子運用：I am going to the ...

日期：

小朋友要到哪裏去呢？請把正確的路線畫出來，然後沿灰線填寫字詞。

49

請從貼紙頁選取跟字詞相配的圖畫貼紙，貼在 □ 內。

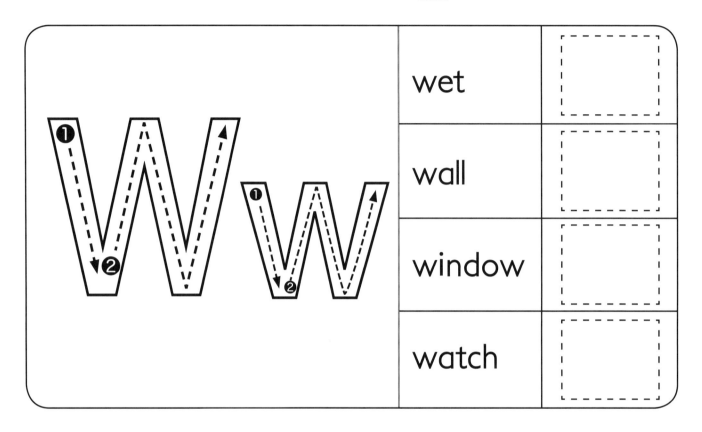

W w	wet	
	wall	
	window	
	watch	

寫字練習。

John opens the window.

請觀察左圖，然後在右圖中把點連起來，畫出跟左圖相同的圖案。

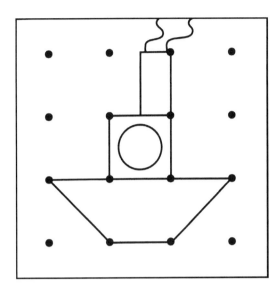 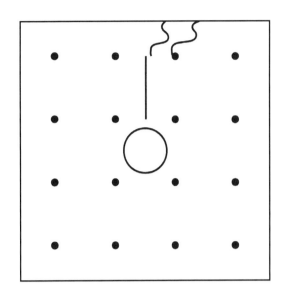

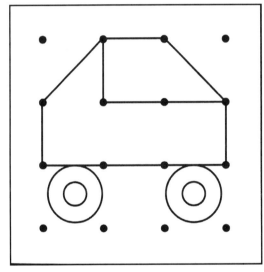 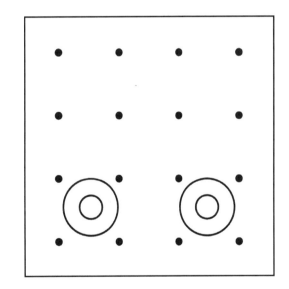

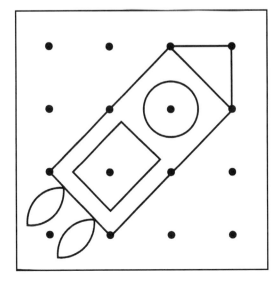 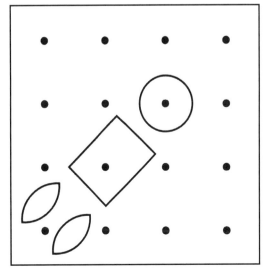

小朋友，請在下圖畫一畫，把點連起來，設計一座獨特的建築物。

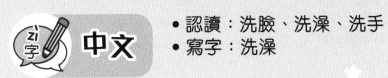

請掃描二維碼，聽一聽各人在做什麼，然後把相配的字詞圈起來。

1		xǐ liǎn 洗 臉
		xǐ shǒu 洗 手
2		xǐ zǎo 洗 澡
		xǐ liǎn 洗 臉
3		xǐ shǒu 洗 手
		xǐ zǎo 洗 澡

寫字練習。

丶 丶 氵 氵 沪 汁 洪 洗 洗

洗

丶 丶 氵 氵 沪 沪 ⋯⋯沪⋯⋯涃 渭 涅 澡 澡

澡

中文

- 認讀：洗菜、洗碗、洗衣服、洗車子、澆花
- 句子運用：……在……

日期：

請掃描二維碼，聽一聽是什麼句子，然後在正確句子旁的 □ 內填上 ✔。

1	粵語　普通話	mèi mei zài xǐ shǒu 妹妹在洗手。	□
		mèi mei zài xǐ cài 妹妹在洗菜。	□
2	粵語　普通話	mā ma zài xǐ wǎn 媽媽在洗碗。	□
		mā ma zài xǐ yī fu 媽媽在洗衣服。	□
3	粵語　普通話	bà ba zài xǐ chē zi 爸爸在洗車子。	□
		bà ba zài jiāo huā 爸爸在澆花。	□

- 温習 X 的字詞
- 認識顏色的名稱
- 認識木琴

日期：

請把正確的英文字母填在橫線上。

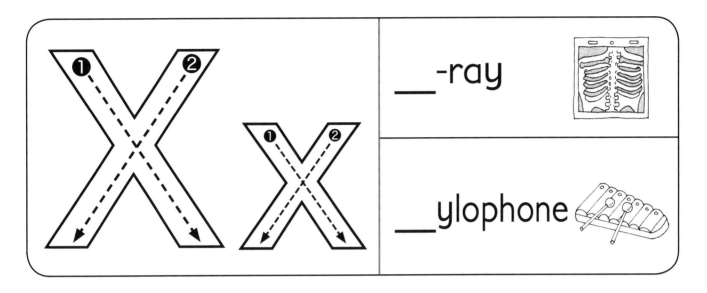

__-ray

__ylophone

請按字詞把下圖填上相配的顏色。

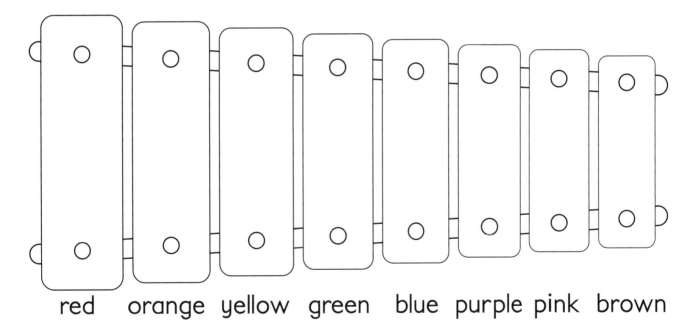

red　orange　yellow　green　blue　purple　pink　brown

STEAM UP 小學堂

木琴是一種敲擊樂器，用棒子敲打不同長度的木片便會發出不同的聲音，木片的長度不同，產生的音調也不同。越短的木片，發出的聲音較高，越長的木片，發出的聲音較低。

小朋友，如果你有木琴，請你敲一敲最長的木片和最短的木片，聽一聽聲音有什麼分別。

請把正確的答案填在 □ 內。

$$8 - 2 = \boxed{}$$

$$8 - 4 = \boxed{}$$

$$8 - 6 = \boxed{}$$

$$8 - 7 = \boxed{}$$

請沿虛線畫出正確方向的箭嘴，看看水的循環過程。

水蒸汽冷卻凝結成雲。

變成雨水，再流回海中。

水被蒸發。

STEAM UP 小學堂

小朋友，你可以把水倒進一個小水杯，然後在水位貼上一條線。把水杯放在窗邊或陽光下，過 2-3 天後再觀察，水位有沒有下降呢？那些不見了的水就是被陽光的熱力蒸發掉了。

● 認讀：海洋、河流、水庫
● 寫字：海洋

日期：

請掃描二維碼，聽一聽是什麼字詞，然後把二維碼跟相配的圖畫和字詞用線連起來。

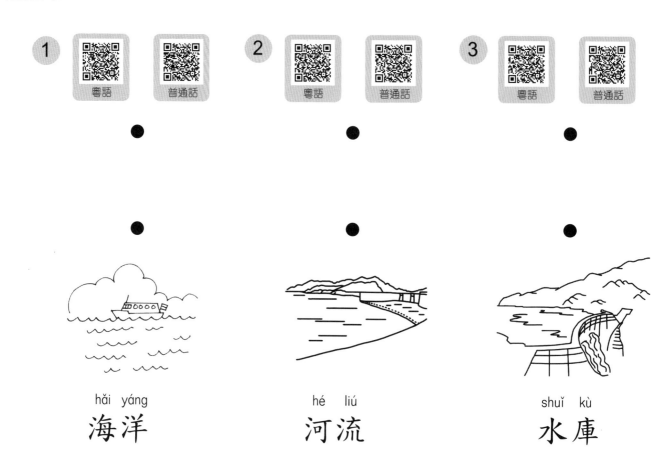

1　粵語　普通話　　2　粵語　普通話　　3　粵語　普通話

hǎi yáng
海洋

hé liú
河流

shuǐ kù
水庫

寫字練習。

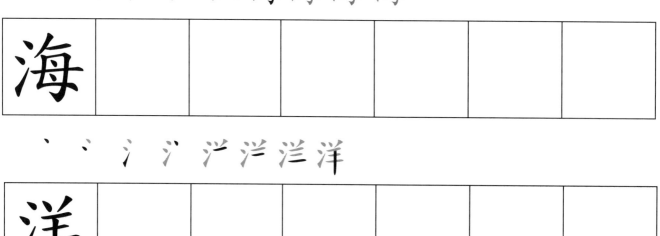

丶丶丷氵氵汇汇海海海海

海					

丶丶丷氵氵氵氵洋洋洋

洋					

請把正確的字詞填在橫線上。

face   hands   hair

I wash my_____.

I wash my_____.

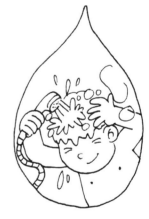

I wash my_____.

59

請從貼紙頁選取跟字詞相配的圖畫貼紙，貼在 [____] 內。

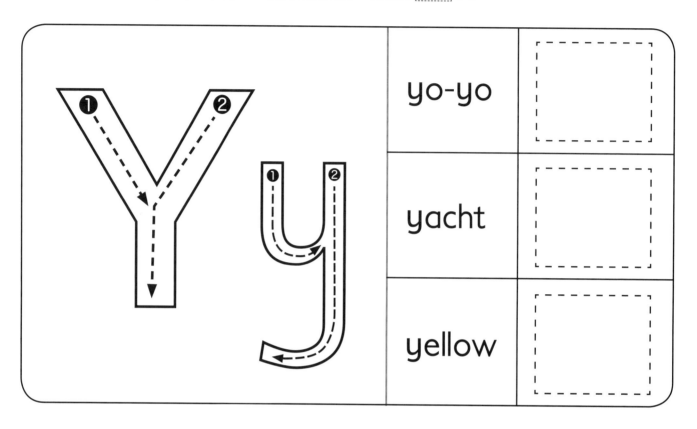

yo-yo	
yacht	
yellow	

請把圖畫填上正確的顏色，然後跟着寫句子。

It is a yellow yacht.

哪個瓶子的容量最少？請把它填上顏色。

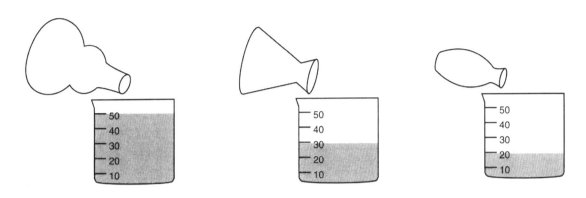

請觀察下圖，然後回答問題，在正確答案旁的方格內填上 ✔。

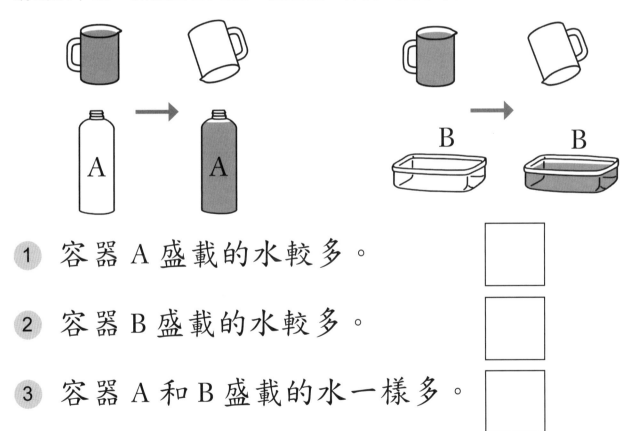

1 容器 A 盛載的水較多。　　□

2 容器 B 盛載的水較多。　　□

3 容器 A 和 B 盛載的水一樣多。　　□

⚛ STEAM UP 小學堂

請爸媽把相同分量的水，倒進一個高窄的瓶子和一個矮闊的瓶子，然後請孩子觀察兩個瓶子，猜猜它們的容量，哪個較多，哪個較少還是一樣多。最後請孩子把兩個瓶子中的水，分別倒進兩個相同大小的杯子，讓孩子發現原來兩個瓶子裏的水是一樣多。

「守恆」指物體的特徵，如重量或體積，不會因物體的另外一些特徵改變而變化。例如：容器裏的液體體積，不會因容器的形狀改變而有所不同。

請用一張大的手工紙，跟着以下步驟摺出籃子。

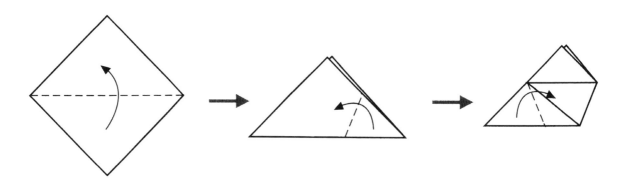

1 把手工紙對摺。　　**2** 沿虛線向左摺。　　**3** 沿虛線向右摺。

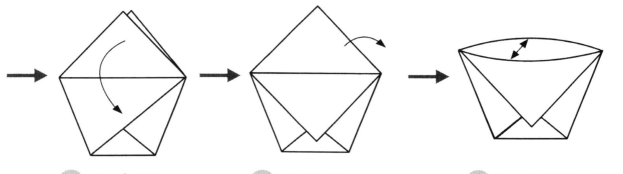

4 向前摺。　　**5** 向後摺。　　**6** 把中間打開。

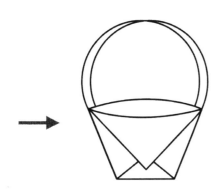

7 貼上紙條就完成了。

⊗ STEAM UP 小學堂

請爸媽給孩子另一張小的手工紙再摺一個籃子。摺完兩個籃子後，請孩子分別把一些小物件，如：小石頭或彈珠放進兩個籃子裏，直至填滿，然後比較兩個籃子的容量，哪個盛載的東西較多，哪個較少。

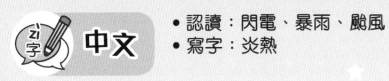

請掃描二維碼，聽一聽是什麼字詞，然後把二維碼跟相配的字詞和圖畫用線連起來。

1
粵語　普通話

●　　　　●

shǎn diàn
閃電

2
粵語　普通話

●　　　　●

bào yǔ
暴雨

3
粵語　普通話

●　　　　●

tái fēng
颱風

寫字練習。

丶　丷　丷　火　火　灰　炏　炎

炎						

一 十 土 尹 夫 去 幸 奉 刲 執 執 熱 熱 熱 熱

熱						

63

請掃描二維碼，聽一聽是什麼顏色，把顏料圖畫填上相配的顏色，然後從貼紙頁選取正確的字詞貼紙，貼在 ☐ 內。

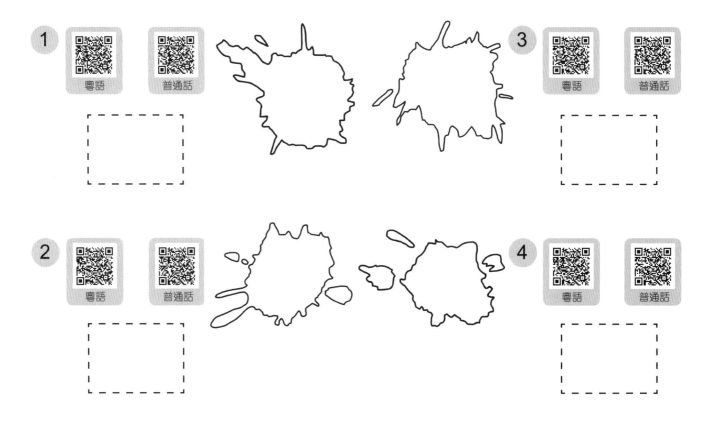

猜一猜謎語，然後掃描二維碼，跟着唸一唸。

粵語　普通話

wú sè wú wèi wú xíng zhuàng　wǒ men tiān tiān yào yòng tā
無色無味無形狀，我們天天要用它，

mā ma yòng tā xǐ yī fu　bà ba yòng tā lái jiāo huā
媽媽用它洗衣服，爸爸用它來澆花。

水：答案

⚛ STEAM UP 小學堂

請孩子運用味覺和視覺去探索水的特性：
1. 請爸媽準備一杯暖開水和一杯橙汁，讓孩子分別嘗嘗它們的味道。水是不是無味道的呢？
2. 再在一杯水的後面放任何一件物件，讓孩子從杯子的正面望過去，看看能否透過杯子，看得見杯後的物件？
3. 最後請孩子把水從杯子倒進另一個較大的容器裏，例如：碗。看看水的形狀有否隨着容器的形狀而改變？

- 溫習 Z 的字詞
- 認字：beach、bucket、spade

日期：

請把正確的英文字母填寫在橫線上。

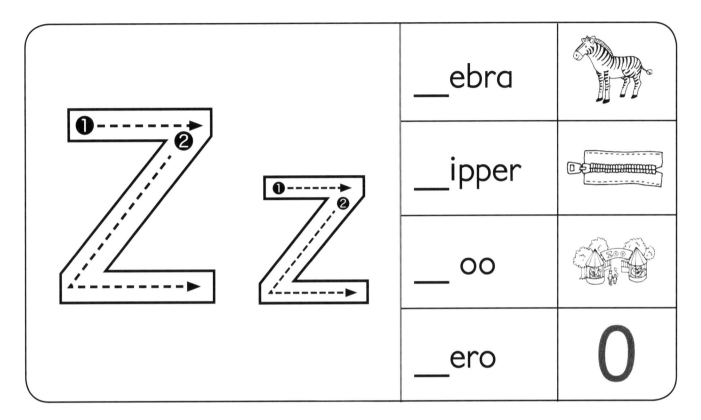

__ebra	
__ipper	
__oo	
__ero	0

請沿灰線填寫字詞，然後把句子讀出來。

I go to the ___beach___ with my family.

I have a ___bucket___ and a ___spade___ .

65

請把正確的答案填在 □ 內。

$$9 - \boxed{2} = \boxed{}$$

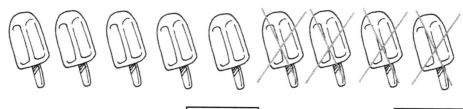

$$9 - \boxed{} = \boxed{}$$

$$9 - \boxed{} = \boxed{}$$

$$9 - \boxed{} = \boxed{}$$

請把相關的節日圖畫和食品用線連起來。

●

●

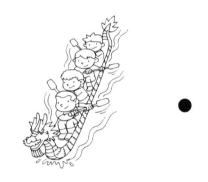
●

●

●

●

●

●

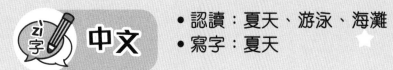

- 認讀：夏天、游泳、海灘
- 寫字：夏天

日期：

請把跟字詞相配的圖畫填上顏色，然後掃描二維碼，跟着唸一唸字詞。

粵語

普通話

1 xià tiān 夏 天			
2 yóu yǒng 游 泳			
3 hǎi tān 海 灘			

寫字練習。

一 丁 丁 丆 五 百 百 頁 頁 夏 夏

夏						

一 二 チ 天

天						

請沿灰線填寫字詞。

星期一
Monday

星期二
Tuesday

星期三
Wednesday

星期四
Thursday

星期五
Friday

星期六
Saturday

星期日
Sunday

日期：

請把 A-Z 順序連起來，然後把圖畫填上顏色。

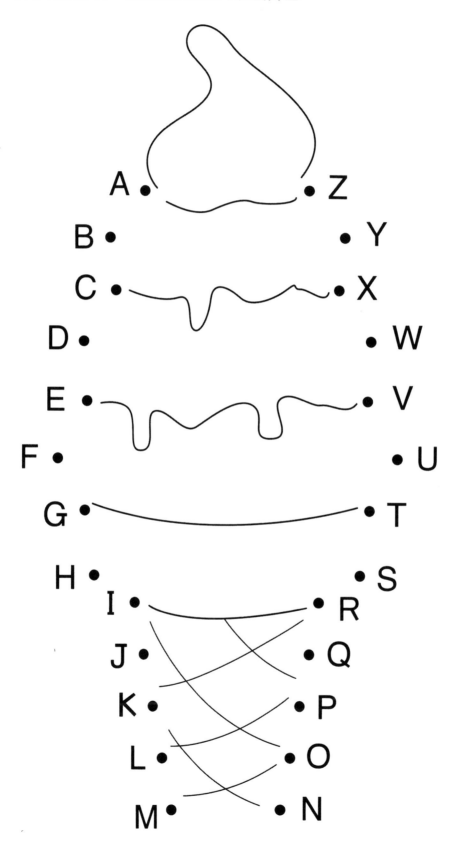

請從貼紙頁選取正確的人物貼紙，貼在 ⬚ 內。

哪一個人距離 最近？

哪一個人距離 最遠？

小朋友，你看見過閃電嗎？請把閃電的情景畫下來。

⚛ STEAM UP 小學堂

當海面因受太陽直射，海水被蒸發成水蒸汽，在空中逐漸凝結成積雨雲。在積雨雲裏，熱空氣不斷上升，冷空氣不斷下降，在雲裏互相碰撞磨擦產生了電。閃電就是將雲裏的電釋放到空氣中，然後再傳到地面，因而產生一道道電光。有時候閃電時會聽到雷聲，這是因為電把周圍的空氣加熱，然後就像爆炸一樣造成巨大的聲響。

請把跟字詞相配的圖畫填上顏色，然後掃描二維碼，跟着唸一唸字詞。

粵語

普通話

1	shū cài 蔬菜			
2	hú dié 蝴蝶			
3	fēi jī 飛機			
4	tiān qiáo 天橋			
5	gōng yuán 公園			
6	xǐ zǎo 洗澡			

請掃描二維碼，聽一聽完整的句子，然後從貼紙頁選取正確的字詞貼紙，貼在 ☐ 內。

1　

xià tiān dào　tiān qì hěn
夏天到，天氣很 ☐ 。

2　

xià tiān dào　qù
夏天到，去 ☐ 。
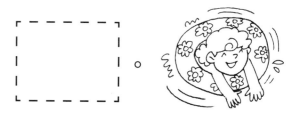

3　

xià tiān dào　chī
夏天到，吃 ☐ 。

請重組句子，把正確的答案填寫在橫線上，然後掃描二維碼，跟着唸一唸句子。

4
xià tiān　　xī guā　　dào　　chī
夏天 / 西瓜 / 到 / 吃 / ，

_____ 。

5
yán rè　　tiān qì　　xià tiān　　dào　　hěn
炎熱 / 天氣 / 夏天 / 到 / 很 / ，

_____ 。

請沿灰線填寫字詞，認識月份的英文名稱，並了解各個月份的節日或活動。

一 月	二 月	三 月
January	February	March
四 月	五 月	六 月
April	May	June
七 月	八 月	九 月
July	August	September
十 月	十 一 月	十 二 月
October	November	December

請把正確的答案填在 ☐ 內。

10 － ☐3☐ ＝ ☐

10 － ☐ ＝ ☐

10 － ☐ ＝ ☐

10 － ☐ ＝ ☐

10 － ☐ ＝ ☐

● 認識颱風信號

請把正確的颱風信號數字填在 □ 內。

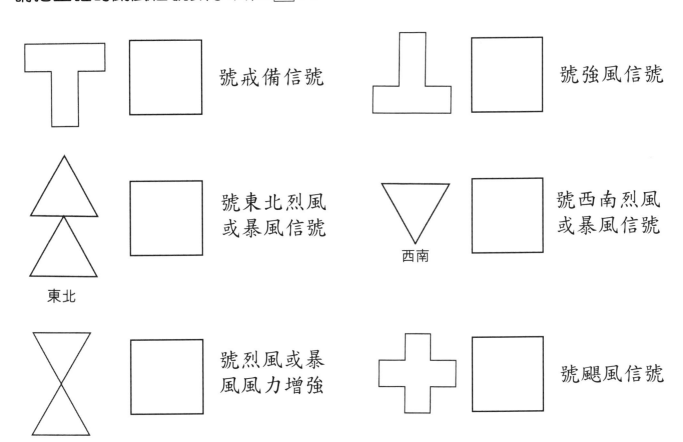

號戒備信號

號強風信號

號東北烈風
或暴風信號

東北

號西南烈風
或暴風信號

西南

號烈風或暴
風風力增強

號颶風信號

你會用什麼符號來代表一個比十號信號更強的颱風呢？請把它畫在下方。

⚛ STEAM UP 小學堂

颱風信號通常是一套以圓柱形、球形和圓錐形為信號系統，自 1884 年開始採用，當時主要目的是通知船隻。1917 年時只有 1 至 7 號颱風信號，1931 年便更改為 1 至 10 號。其中 2 號及 3 號分別表示強風由西南及東南方向吹襲本港，4 號是用於菲律賓，5 號至 8 號分別代表來自西北、西南、東北或東南四個方向之烈風，9 號則代表烈風風力增強，10 號代表颶風吹襲。但是 2、3、4 號信號時有時無，後期便被取消了。

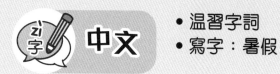

- 温習字詞
- 寫字：暑假

日期：

請把跟字詞相配的圖畫畫在 □ 內，然後掃描二維碼，跟着唸一唸字詞。

粵語　普通話

1	2	3

lún chuán
輪船

mì fēng
蜜蜂

xī guā
西瓜

寫字練習。

丶 口 口 日 旦 早 旱 昇 署 暑 暑 暑

| 暑 | | | | | | |

丿 亻 亻 亻 伫 作 作 作 作 假 假

| 假 | | | | | | |

英文

● 認字：one、two、three、four、five、
six、seven、eight、nine、ten、
eleven、twelve

日期：

請沿灰線填寫字詞。

one o'clock

two o'clock

three o'clock

four o'clock

five o'clock

six o'clock

seven o'clock

eight o'clock

nine o'clock

ten o'clock

eleven o'clock

twelve o'clock

請用中國數字填上正確的時間。

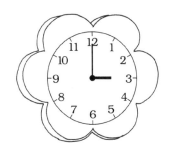

＿＿＿＿＿ 時正

＿＿＿＿＿ 時正

＿＿＿＿＿ 時三十分

＿＿＿＿＿ 時 ＿＿＿＿＿ 分

＿＿＿＿＿ 時十五分

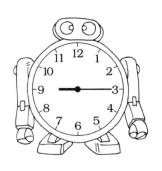

＿＿＿＿＿ 時 ＿＿＿＿＿ 分

⚛ STEAM UP 小學堂

時間以小時、分鐘和秒做單位。時鐘上的時針（短針）用來表示小時；分針（長針）用來表示分鐘。時針每走一格，代表一個小時。長針每走一格代表五分鐘，當走到數字 3、6 和 9 便代表十五分、三十分和四十五分了。鐘面裏面有大小齒輪，而時針和分針能夠移動，就是靠這些齒輪推動。